电网企业安全生产系列口袋书

接地电阻测试仪
现场测量实例

《电网企业安全生产系列口袋书》编写组 编

中国电力出版社
CHINA ELECTRIC POWER PRESS

图书在版编目（CIP）数据

接地电阻测试仪现场测量实例 / 《电网企业安全
生产系列口袋书》编写组编． -- 北京：中国电力出
版社，2024.11． --（电网企业安全生产系列口袋书）．
　ISBN 978-7-5198-9303-3

Ⅰ．TM934.15

中国国家版本馆 CIP 数据核字第 20247A9H14 号

出版发行：中国电力出版社
地　　址：北京市东城区北京站西街 19 号（邮政编码 100005）
网　　址：http://www.cepp.sgcc.com.cn
责任编辑：周秋慧　鲍怡彤
责任校对：黄　蓓　朱丽芳
装帧设计：赵姗姗
责任印制：石　雷

印　　刷：三河市万龙印装有限公司
版　　次：2024 年 11 月第一版
印　　次：2024 年 11 月北京第一次印刷
开　　本：880 毫米 ×1230 毫米　64 开本
印　　张：2.125
字　　数：62 千字
印　　数：0001—2000 册
定　　价：25.00 元

内容提要

　　本书对接地电阻测试仪的测量方法进行了详细描述，列举了接地电阻测试仪现场测量实例并进行了分析，对接地电阻测试仪的测量流程、使用步骤、注意事项、测试标准等都提出了明确要求，本书采用图视化的方式编写，图文并茂、一目了然，既方便学习又便于操作。

　　本书可以作为电力现场作业人员实际工作的指导用书，也可以作为新进员工的学习培训教材。

前　言

　　为了保证电力现场作业人员在生产经营活动中的人身安全，确保电力安全工器具正确检查和安全使用，规范安全工器具的管理，为更好地帮助现场作业人员提高安全意识、学习安全生产知识、规范作业行为、掌握安全技能，特编写本书。

　　本书结合现场实际工作将机械式、数字式两种绝缘电阻表都做了详细描述，用现场测量图片与理论接线图结合起来说明测量步骤和操作流程，让生产班组、营销班组、基建班组、供电所等现场工作人员一看就懂，并能按照图示正确测量设备的接地电阻。本书还明确了新的测量标准，使测量人员既学会现场测量正确步骤，又能及时纠正现场操作错误，为了弥补现场工作人员使用数字绝缘电阻表测量时没有成型的参考资料，特编写《接地电阻测试仪现场测量实例》。本书主要包括接地电阻测试仪基础知识、接地电阻测试仪用途及使用方法、接地电阻测试前准备、机械式接地电阻测试仪现场测量、数字式接地电阻测试仪现场测量、接地电阻测试注意事项、接地电阻测量标准等内容。本书通俗易懂，小开本设计携带方便，便于现场工作使用。本书由王晴、王暖、孙泽浩、李明宇、孙瑞红编写。

限于作者水平，书中可能存在不妥之处，恳请读者批评指正。

目　录

接地电阻测试仪基础知识

第一节　接地电阻测试仪类型

接地电阻测试仪分为机械式（见图 1-1）、数字式（见图 1-2）和钳式（见图 1-3）三大类。

图1-1

图1-2

图1-3

第二节　机械式接地电阻测试仪外观及配件

（1）型号为 ZC-8 机械式接地电阻测试仪（四端钮）的测量标度盘及倍数盘指示为 0.1（见图 1-4）。

倍数盘指示为 0.1

量程：0~1Ω

测量标度盘

图 1-4

（2）型号为 ZC-8 机械式接地电阻测试仪（四端钮）的测量标度盘及倍数盘指示为 1（见图 1-5）。

倍数盘指示为 1

量程：0~10Ω

测量标度盘

图 1-5

（3）型号为ZC-8机械式接地电阻测试仪（四端钮）的测量标度盘及倍数盘指示为10（见图1-6）。

倍数盘指示为10

量程：0~100Ω　　　测量标度盘

图1-6

（4）型号为ZC-8机械式接地电阻测试仪（三端钮）的测量标度盘及倍数盘指示为1（见图1-7）。

倍数盘指示为1

量程：0~10Ω　　　测量标度盘

图1-7

（5）型号为 ZC-8 机械式接地电阻测试仪（三端钮）的测量标度盘及倍数盘指示为 10（见图 1-8）。

倍数盘指示为 10

量程：0~100Ω

测量标度盘

图 1-8

（6）型号为 ZC-8 机械式接地电阻测试仪（三端钮）的测量标度盘及倍数盘指示为 100（见图 1-9）。

倍数盘指示为 100

量程：0~1000Ω

测量标度盘

图 1-9

（7）型号为 ZC-8 机械式接地电阻测试仪的测量标度盘上显示 1、2、3、4、5、6、7、8、9、10 十个大格，每个大格中有十个小格，见图 1-10。在测量标度盘上根据指针位置读取测量出来的读数再乘以倍率就是实际电阻值。

图 1-10

（8）型号为 ZC-8 机械式接地电阻测试仪（四端钮）的准确度等级为 3.0，见图 1-11。

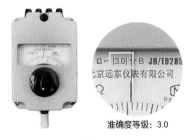

准确度等级：3.0

图 1-11

（9）型号为 ZC-8 机械式接地电阻测试仪（四端钮）的倍率选择旋钮及电阻盘，切换倍率选择旋钮可以在最大倍数、中间倍数、最小倍数三个位置切换，见图 1-12。

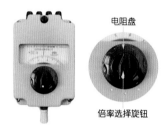

图 1-12

（10）型号为 ZC-8 机械式接地电阻测试仪（四端钮）的倍率选择旋钮及电阻盘，倍率选择旋钮在最小倍数位置时电阻值为 1Ω，见图 1-13。

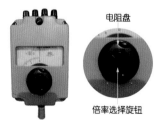

图 1-13

（11）型号为 ZC-8 机械式接地电阻测试仪（四端钮）的倍率选择旋钮及电阻盘，倍率选择旋钮在中间倍数位置时电阻值为 10Ω，见图 1-14。

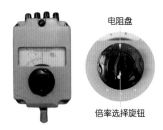

电阻盘

倍率选择旋钮

图 1-14

（12）型号为 ZC-8 机械式接地电阻测试仪（四端钮）的倍率选择旋钮及电阻盘，倍率选择旋钮在最大倍数位置时电阻值为 100Ω，见图 1-15。

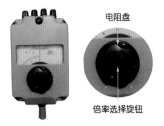

电阻盘

倍率选择旋钮

图 1-15

（13）当检流计接近平衡时，手握 ZC-8 机械式接地电阻测试仪的金属手摇柄，加快手摇交流发电机的转速使其达到额定转速（120r/min），见图 1-16。

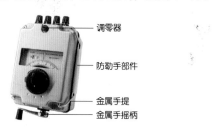

图 1-16

（14）型号为 ZC-8 机械式接地电阻测试仪（三端钮）E 端钮：连接 5m 绿色导线并与被测接地体连接；P1 端钮：连接 20m 黄色导线并与电位接地探针连接；C1 端钮：连接 40m 红色导线并与电流接地探针连接。具体如图 1-17 所示。

图 1-17

（15）型号为 ZC-8 机械式接地电阻测试仪（四端钮）P2 端钮与 C2 端钮用连接片连接，再连接 5m 绿色导线并与被测接地体连接；P1 端钮：连接 20m 黄色线并与电位接地探针连接；C1 端钮：连接 40m 红色线并与电流接地探针连接。具体见图 1-18。

（16）型号为 ZC-8 机械式接地电阻测试仪的配件：两根探针，分别为电位探针和电流探针。具体见图 1-19。

图 1-18

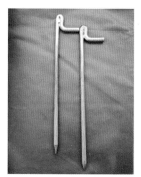

图 1-19

（17）型号为 ZC-8 机械式接地电阻测试仪的配件：三根不同长度的测试线，接地测试线为绿色，5m 长，用于连接被测的接地体；电位测试线为黄色，20m 长，用于连接电位探针；电流测试线为红色，40m 长，用于连接电流探针。具体见图 1-20。

图 1-20

第三节　数字式接地电阻测试仪外观及配件

（1）型号为 UT521 数字式接地电阻测试仪的 LED 显示屏见图 1-21。

图 1-21

（2）型号为 UT521 数字式接地电阻测试仪的功能部分包括：①LCD 显示屏。②LIGHT/LOAD键：屏幕背光 / 负载按钮。③HOLD/SAVE 键：数据保持 / 保存按钮。④TEST 键：开始测量按钮。⑤功能 / 量程切换开关。⑥肩带连接处。⑦测量输入端 V、E、P、C。具体见图 1-22。

图 1-22

1—LCD 显示屏；2—LIGHT/LOAD 键；3—HOLD/SAVE 键；4—TEST 键；
5—功能 / 量程切换开关；6—肩带连接处；7—测量输入端 V、E、P、C

（3）型号为 UT521 的数字式接地电阻测试仪使用时出现的危险、警告、注意符号表示三种含义，见图 1-23。

危险：表示在此情况下操作很可能会导致严重或致命的伤害。

警告：表示在此情况下操作可能会导致严重或致命的伤害。

注意：表示在此情况下操作能够导致较小伤害或损害仪器。

图 1-23

（4）型号为 UT521 的数字式接地电阻测试仪的 C、P、E 三个插孔，C 代表辅助电极，P 代表电位电极，E 代表接被测接地端，见图 1-24。E 插孔接 5m 长绿色标准带夹测试线。P 插孔接 10m 长黄色电位标准带夹测试线。C 插孔接 20m 长红色电流标准带夹测试线。

图 1-24

（5）型号为 UT521 的数字式接地电阻测试仪可以进行接地电压测试。E 插孔接 1.5m 长绿色简易带夹测试线，连接被测设备接地极。V 插孔接 1.5m 长红色简易带夹测试线，连接 1.5m 处的辅助接地钉。具体见图 1-25。

图 1-25

（6）型号为 UT521 的数字式接地电阻测试仪进行接地电阻简易测量时，E 插孔接 1.5m 长绿色简易带夹测试线，连接被测接地端。P 插孔与 C 插孔同时接 1.5m 长红色简易带夹测试线，连接参考接地端。具体见图 1-26。

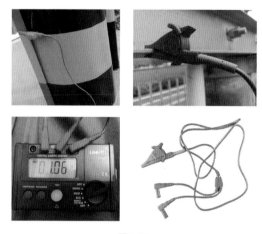

图1-26

（7）型号为 UT521 的数字式接地电阻测试仪的功能选择开关切至"EARTH/VOLTAGE"时，测量接地电压。功能选择开关切至 20Ω 时，测量范围是 0～20Ω；功能选择开关切至 200Ω 时，测量范围是 0～200Ω；功能选择开关切至 2000Ω 时，测量范围是 0～2000Ω。具体见图 1-27。

功能选择开关

图 1-27

（8）如果型号为 UT521 的数字式接地电阻测试仪功能选择开关切至电阻挡，当标准带夹测试线连接好被测物时按下"TEST"键后，LCD 显示屏显示的数值即为被测电阻值。具体见图 1-28。

图 1-28

（9）按下型号为 UT521 的数字式接地电阻测试仪的"TEST"键，按键上的状态指示灯会点亮，表示该仪器正处在测试状态中。具体见图 1-29。

图 1-29

（10）当 C 端或 E 端测试线接触不良造成辅助接地电阻或接地电阻过大或测试端在开路状态，LCD 显示屏都将显示"----Ω"，此时要重新检查测试线连接是否良好，土壤是否太干燥，辅助接地钉是否可靠接地。具体见图 1-30。

图 1-30

（11）当某些光线较暗的环境下进行测试时需开启背光灯，此时轻按一下"Light/Load"键，背光功能被打开，且 LCD 显示屏显示相应的灯符号，再轻按下"Light/Load"键，将取消背光功能。具体见图 1-31。

（12）数据保持功能测试时轻按一下"Hold/Save"键，数据保持功能被打开，数据被保持住，且 LCD 显示屏显示相应的保持符号，再轻按一下"Hold/Save"键将取消保持功能。具体见图 1-32。

图 1-31

图 1-32

（13）长按"Hold/Save"键约 2s，存储功能被打开且存储了相应数据。再轻按一下"Hold/Save"键，将存储第二数据。再轻按一下"Hold/Save"

键，将存储第三数据。想取消存储功能则再次长按
"Hold/Save"键约2s即可。具体见图1-33。

图1-33

（14）查看保存数据。长按"Light/Load"键
约2s将调出地址号码为01保存的数据，再轻按一
下"Light/Load"键将调出地址号码为02保存的数
据，直到第20组数据。具体见图1-34。

图1-34

（15）查看保存数据。若想返回到前一地址查看所存的数据，则按一下"Hold/Save"键即可。轻按"Light/Load"键约2s即可退出此功能。具体见图1–35。

图1–35

（16）清除保存的数据。先同时按住"Hold/Save"键和"Light/Load"键再开机，LCD显示屏显示"CL."，此时存储器里面的数据将被清除（20组数据存满或未存满都可清除）。具体见图1–36。

图1–36

（17）型号为 UT521 的数字式接地电阻测试仪的配件：两根辅助接地钉，分别为电位接地钉和电流接地钉。具体见图 1-37。

图 1-37

（18）型号为 UT521 的数字式接地电阻测试仪的配件：三根不同长度的标准带夹测试线。接地测试线为绿色。电位测试线为黄色，10m 长，用于连接电位探针。电流测试线为红色。具体见图 1-38。

图 1-38

（19）型号为 UT521 的数字式接地电阻测试仪的配件：三根不同长度的标准带夹测试线。接地测试线为绿色。电位测试线为黄色。电流测试线为红色，20m 长，用于连接电流探针。具体见图 1-39。

图 1-39

（20）型号为 UT521 的数字式接地电阻测试仪的配件：三根不同长度的标准带夹测试线。接地测试线为绿色，5m 长，用于连接被测的接地体。电位测试线为黄色。电流测试线为红色。具体见图 1-40。

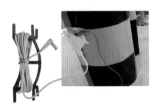

图 1-40

（21）型号为 UT521 的数字式接地电阻测试仪的配件：简易带夹测试线，一条为红色，两个插头连在一起，长 1.5m；另一条为绿色，一个插头，长 1.5m。具体见图 1-41。

图 1-41

（22）型号为 UT521 的数字式接地电阻测试仪应使用 5 号电池（1.5V）6 节。具体见图 1-42。

图 1-42

（23）型号为UT521的数字式接地电阻测试仪带有背带框，并配有背带，携带方便。具体见图1-43。

图1-43

第二章

接地电阻测试仪用途及使用方法

第一节 接地电阻测试仪用途

（1）接地电阻测试仪是用来测量保护接地、工作接地、防过电压接地、防静电接地及防雷接地等接地装置的接地电阻。具体见图 2-1。

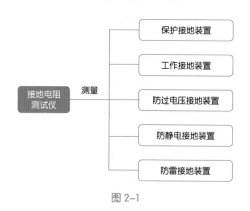

图 2-1

（2）接地装置流过工频电流时所呈现的电阻包括接地线电阻、接地体电阻、接地体与大地之间的接触电阻和大地流散电阻。具体见图 2-2。

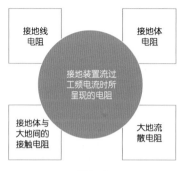

图 2-2

（3）可以测量 10kV 柱上断路器外壳接地电阻。具体见图 2-3。

图 2-3

（4）可以测量 10kV 隔离开关外壳接地电阻。具体见图 2-4。

图 2-4

（5）可以测量箱式变压器外壳接地电阻。具体见图 2-5。

图 2-5

（6）可以测量台式配电变压器外壳接地电阻。具体见图2-6。

图 2-6

（7）可以测量配电变压器中性点接地电阻。具体见图2-7。

图 2-7

（8）可以测量台架变压器低压综合配电箱外壳接地电阻。具体见图 2-8。

图 2-8

（9）可以测量 10kV 环网箱外壳接地电阻。具体见图 2-9。

图 2-9

（10）可以测量 10kV 电缆分支箱外壳接地电阻。具体见图 2-10。

图 2-10

（11）可以测量配电室墙外接地体接地电阻。具体见图 2-11。

图 2-11

（12）可以测量开关柜外壳接地电阻。具体见图 2-12。

图 2-12

（13）可以测量 10kV 线路避雷器接地电阻。具体见图 2-13。

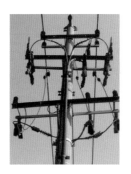

图 2-13

（14）可以测量避雷针接地电阻。具体见图 2-14。

图 2-14

（15）可以测量电力线路避雷线接地电阻。具体见图 2-15。

图 2-15

（16）可以测量 10kV 电力电缆接地电阻。具体
见图 2-16。

图 2-16

（17）可以测量 10kV 线路钢管塔接地电阻。具
体见图 2-17。

图 2-17

（18）可以测量储能电池柜外壳接地电阻。具体见图 2-18。

图 2-18

（19）可以测量电动机金属外壳接地电阻。具体见图 2-19。

图 2-19

（20）可以测量发电机金属外壳接地电阻。具体见图2-20。

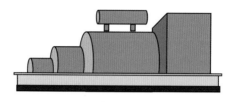

图 2-20

第二节　接地电阻测试仪测量方法

（1）测量前，选择平整地面，再将ZC-8机械式接地电阻测试仪放平且方位正确。具体见图2-21。

图 2-21

（2）测量前首先对 ZC-8 机械式接地电阻测试仪进行机械调零，如果指针不在中心线上，可调节调零器使指针指在中心线上。具体见图 2-22。

图 2-22

（3）对于型号为 ZC-8 的机械式接地电阻测试仪，当测量标度盘的指针指示 8.8 时，选择的倍数是 10，测量出来的电阻值应该是 8.8×10=88Ω。具体见图 2-23。

倍数盘指示的倍数为 10

接地电阻 = 倍率 × 测量标度盘读数

图 2-23

（4）当 ZC-8 机械式接地电阻测试仪的检流计接近平衡时，加快手摇交流发电机的转速至其额定转速（120r/min）。具体见图 2-24。

图 2-24

（5）如果测量标度盘的读数小于 1，应将倍率选择旋钮调至较小的一挡，再进行测量。具体见图 2-25。

图 2-25

（6）开路实验第一步：型号为 ZC-8 机械式接地电阻测试仪的 P 端钮：连接 20m 黄色导线；C 端钮：连接 40m 红色导线。具体见图 2-26。

图 2-26

（7）开路实验第二步：将 ZC-8 机械式接地电阻测试仪的电流引线 C 夹子与电位引线 P 夹子连接在一起。具体见图 2-27。

图 2-27

（8）开路实验第三步：轻轻摇动 ZC-8 机械式接地电阻测试仪手摇柄，此时查看接地电阻测试仪指针应指到最大化。具体见图 2-28。

图 2-28

（9）短路实验第一步：型号为 ZC-8 的机械式接地电阻测试仪的 E 端钮：连接 5m 绿色导线；P 端钮：连接 20m 黄色导线；C 端钮：连接 40m 红色导线。具体见图 2-29。

图 2-29

（10）短路实验第二步：将 ZC-8 机械式接地电阻测试仪的电流引线 C 夹子、电位引线 P 夹子及接地引线 E 夹子连接在一起。具体见图 2-30。

图 2-30

（11）短路实验第三步：轻轻摇动 ZC-8 机械式接地电阻测试仪的手摇柄，查看接地电阻测试仪指针应指到零位。具体见图 2-31。

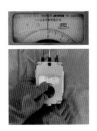

图 2-31

（12）型号为 ZC-8 的机械式接地电阻测试仪（三端钮）测量接地电阻时，其接线方式是将被测接地体 E′ 与接地电阻测试仪端钮 E 连接。用 20m 长的连接线将电位探针 P′ 与接地电阻测试仪端钮 P 连接。用 40m 长的连接线将电流探针 C′ 与接地电阻测试仪端钮 C 连接。电位探针、电流探针、被测接地极三者之间成一直线分布。具体见图 2-32。

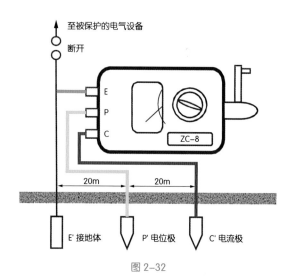

图 2-32

（13）型号为 ZC-8 的机械式接地电阻测试仪（四端钮）测量接地电阻时，其接线方式是先将端钮 P2、C2 用连接片连接起来，再与被测接地体 E' 连接。用 20m 长的连接线将电位探针 P' 与接地电阻测试仪端钮 P1 连接。用 40m 长的连接线将电流探针 C' 与接地电阻测试仪端钮 C1 连接。电位探针、电流探针、被测接地极三者之间成一直线分布。具体见图 2-33。

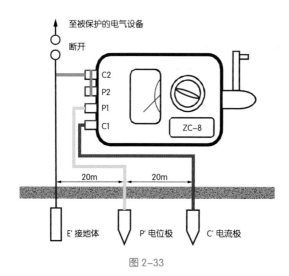

图 2-33

（14）用型号为 ZC-8 的机械式接地电阻测试仪（四端钮）测量小接地电阻（接地电阻小于 1Ω）。具体见图 2-34。

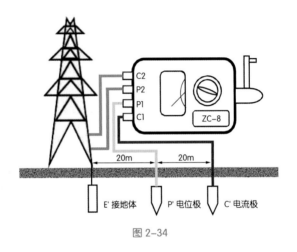

图 2-34

（15）两根接地探针沿接地体敷设方向分别插入距离接地体 20、40m 的地下，地下插入深度为 400mm。具体见图 2-35。

图 2-35

（16）测量接地电压：将 UT521 接地电阻测试仪的功能选择开关切至接地电压挡，LCD 显示屏显示接地电压测试状态；将测试红线插入接地电阻测试仪的 V 端，测试红线另一端连接辅助接地钉。将测试绿线插入接地电阻测试仪的 E 端，测试绿线另一端连接被测设备接地体。接地电阻测试仪的其他测试端不要插测试线，此时，接地电阻测试仪的 LCD 显示屏将显示接地电压的测量值。具体见图 2-36。

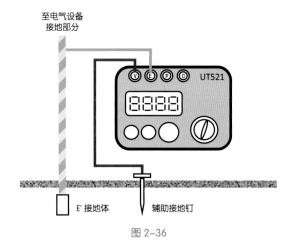

图 2-36

（17）精确测量接地电阻（三线式测量方法）：将 UT521 接地电阻测试仪的功能选择开关切至接地电阻挡，LCD 显示屏显示接地电阻测试状态；将 20m 的测试红线插入接地电阻测试仪的 C 端，测试红线另一端连接辅助电极 C'。将 10m 测试黄线插入接地电阻测试仪的 P 端，测试黄线另一端连接电位电极 P'。将 5m 测试绿线插入接地电阻测试仪的 E 端，测试绿线另一端连接被测设备接地体。具体见图 2-37。

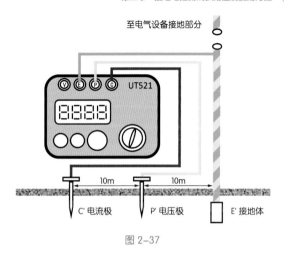

图 2-37

（18）简易测量接地电阻（两线式测量方法）：将 UT521 接地电阻测试仪的功能选择开关切至接地电阻挡，LCD 显示屏显示接地电阻测试状态；将 1.5m 的测试红线两端分别插入接地电阻测试仪的 C 端和 P 端，测试红线另一端连接一个外露的低接地电阻物体做一个电极（如金属水槽、水管、供电线路公共地、建筑物接地端）。将 1.5m 测试绿线插入接地电阻测试仪的 E 端，测试绿线另一端连接被测设备接地体 E'。具体见图 2-38。

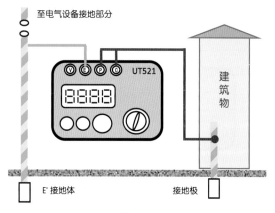

图 2-38

（19）测量前，必须将接地干线与接地体的连接点断开，还要将接地干线所有接地支线的连接点断开，使接地体脱离任何连接关系成为独立体。具体见图 2-39。

图 2-39

（20）为了保证测量结果的可靠性，应在测量一次结束后，移动两根探针的位置，换一个方向进行复测，由于每次测量的接地电阻值不完全一样，因此可以取几个测量值的平均值作为最终测量数据。具体见图 2-40。

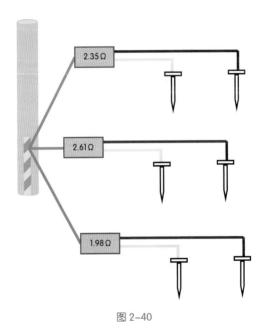

图 2-40

第三章

接地电阻测试前准备

第一节　安全工器具准备

（1）检查安全帽永久标识和产品说明等标识清晰完整，安全帽的帽壳、帽衬（帽箍、吸汗带、缓冲垫及衬带）、帽箍扣、下颏带等组件完好无缺失。具体见图 3-1。

（2）安全帽帽壳内外表面应平整光滑，无划痕、裂缝和孔洞，无灼伤、冲击痕迹。具体见图 3-2。

图 3-1　　　　　　　图 3-2

（3）安全帽帽衬与帽壳连接牢固，后箍、锁紧卡等开闭调节灵活，卡位牢固。具体见图3-3。

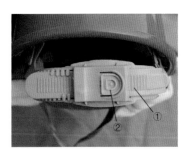

图 3-3

（4）安全帽的使用期从产品制造完成之日起计算，不得超过安全帽永久标识的强制报废期限。具体见图3-4。

图 3-4

（5）检查辅助型绝缘手套的电压等级、制造厂名、制造年月等标识清晰、完整。具体见图 3-5。

图 3-5

（6）手套应质地柔软良好，内外表面均应平滑、完好无损，无划痕、裂缝、折缝和孔洞。具体见图 3-6。

图 3-6

（7）用卷曲法或充气法检查手套有无漏气现象。具体见图 3-7。

图 3-7

（8）检查接地线线夹完整、无损坏，与导线连接牢固，无松动、滑动和转动现象。具体见图 3-8。

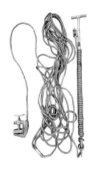

图 3-8

（9）检查接地线的多股软铜线截面积不得小于 25mm² 。具体见图 3-9。

图 3-9

（10）检查安全遮拦外观无破损，伸缩自如。具体见图 3-10。

图 3-10

（11）在室外工作地点的围栏上，在禁止通行的过道上悬挂"止步，高压危险！"标示牌。具体见图3-11。

图3-11

（12）在工作地点装设"在此工作！"标示牌。具体见图3-12。

图3-12

（13）在工作地点装设"从此进出！"标示牌。具体见图 3-13。

图 3-13

第二节　行为记录仪使用

（1）按下行为记录仪开机（关机）按钮，行为记录仪屏幕显示各功能，检查行为记录仪电量必须充足。具体见图 3-14。

图 3-14

（2）等待行为记录仪显示的平台1、平台2两个绿色信号灯亮，表示网络信号连接良好。再点击显示器上"预览"，查看显示画面是否正常。具体见图3-15。

图 3-15

（3）检查行为记录仪显示器上"预览"画面正常。按下行为记录仪录像按钮，行为记录仪开始录像。具体见图3-16。

录像

图 3-16

（4）将录像行为记录仪夹在工作服胸前口袋上。具体见图 3-17。

图 3-17

（5）检查行为记录仪现场录像效果。现场工作完毕后，再次按下行为记录仪录像按钮，行为记录仪停止录像。具体见图 3-18。

录像

图 3-18

（6）再次按下行为记录仪开机（关机）按钮，行为记录仪显示关机内容，点击"确定"，行为记录仪关机。具体见图 3-19。

开机

图 3-19

第三节　其他

（1）检查通用电工工具齐全、完好无缺，绝缘部分无破损。具体见图 3-20。

图 3-20

（2）检查活络扳手型号和规格正确，张口尺度调整自如无卡涩。检查锤头无松动，锤身无油污。具体见图 3-21。

图 3-21

（3）检查皮卷尺收放流畅无卡涩，字迹清晰。具体见图 3-22。

图 3-22

（4）检查苫布完整无破损，无油迹。具体见图 3-23。

图 3-23

（5）检查急救箱内药品在保质期内。具体见图 3-24。

图 3-24

（6）出车前要检查机油是否缺油。检查防冻液是否缺少。检查轮胎的气压、磨损程度，如轮胎不合格要及时更换。检查刹车系统是否正常。检查车辆是否有异动响声。检查电动车是否充满电，缺电或少电的情况下不得出车。具体见图 3-25。

图 3-25

第四章
机械式接地电阻测试仪现场测量

第一节 三端钮机械式接地电阻测试仪测量接地电阻

（1）首先确定被测量接地极所在的位置，见图
4-1。

（2）准备好测量工具和器具，做好测量现场的
安全措施，见图 4-2。

图 4-1   图 4-2

（3）测量人员手持携带型检修接地线，在被测量接地体附近选择合适位置，见图 4-3。

图 4-3

（4）将携带型检修接地线的临时接地体打入土中，临时接地体打入土中的深度不小于 60cm，见图 4-4。

图 4-4

（5）戴上绝缘手套将携带型检修接地线的接地端线夹固定在被保护电气设备的接地引下线上，见图4-5。

图4-5

（6）戴好绝缘手套用活络扳手取下被保护电气设备接地引下线与接地极的连接螺栓，见图4-6。

图4-6

（7）被保护电气设备接地引下线与接地极完全断开，见图4-7。

图4-7

（8）将5m长的绿色测试线一端的夹子固定在接地极上且接触良好，见图4-8。

图4-8

（9）准备好两根接地探针，一根为电位接地探针，另一根为电流接地探针，见图4-9。

图4-9

（10）从被测接地极开始，用皮卷尺直线水平测量出20m并做好标记，见图4-10。

图4-10

（11）用锤子将电位接地探针垂直打入土壤中，深度不小于 400mm，见图 4-11。

图 4-11

（12）将 20m 长的黄色测试线一端的夹子固定在电位接地探针上且接触良好，见图 4-12。

图 4-12

（13）从被测接地极开始，用皮卷尺直线水平测量出 40m 并做好标记，见图 4-13。

图 4-13

（14）用锤子将电流接地探针垂直打入土壤中，深度不小于 400mm，见图 4-14。

图 4-14

（15）将 40m 长的红色测试线一端的夹子固定在电流接地探针上且接触良好，见图 4-15。

图 4-15

（16）将 5m 长的绿色测试线另一端的连接片固定在 ZC-8 机械式接地电阻测试仪的 E 接线柱上且接触良好，见图 4-16。

图 4-16

（17）将20m长的黄色测试线另一端的连接片固定在ZC-8机械式接地电阻测试仪的P接线柱上且接触良好，见图4-17。

图4-17

（18）将40m长的红色测试线另一端的连接片固定在ZC-8机械式接地电阻测试仪的C接线柱上且接触良好，见图4-18。

图4-18

（19）将"倍率选择旋钮"放在最大倍率挡（三端钮 ZC-8 机械式接地电阻测试仪的最大倍率挡是 100Ω），慢慢摇动发电机手摇柄，见图 4-19。

图 4-19

（20）根据 ZC-8 机械式接地电阻测试仪指针偏转方向调整"测量标度盘"，见图 4-20。

图 4-20

（21）调整 ZC-8 机械式接地电阻测试仪的检流计指针接近中心线，见图 4-21。

图 4-21

（22）加快 ZC-8 机械式接地电阻测试仪发电机的转速，使其达到稳定值（120r/min）。再调整"测量标度盘"直至检流计指针指在中心线上。具体见图4-22。

图 4-22

（23）当倍率选择按钮在最大倍率挡（100Ω），如果"测量标度盘"上的读数小于1时，应将"倍率选择旋钮"置于较小倍率挡（10Ω），同时将数值拨至最大位置，开始慢慢摇动发电机手摇柄。具体见图4-23。

图4-23

（24）根据 ZC-8 机械式接地电阻测试仪指针偏转方向调整"测量标度盘"，见图4-24。

图4-24

（25）调整 ZC-8 机械式接地电阻测试仪的检流计指针接近中心线，见图 4-25。

图 4-25

（26）加快 ZC-8 机械式接地电阻测试仪发电机的转速，使其达到稳定值（120r/min）。再调整"测量标度盘"直至检流计指针指在中心线上。具体见图 4-26。

图 4-26

（27）当倍率选择按钮在较大倍率挡（10Ω），如果"测量标度盘"上的读数小于1时，应将"倍率选择旋钮"置于最小倍率挡（1Ω）的同时将数值拨至最大位置，开始慢慢摇动发电机手摇柄。具体见图4-27。

图4-27

（28）根据ZC-8机械式接地电阻测试仪指针偏转方向调整"测量标度盘"，见图4-28。

图4-28

（29）调整 ZC-8 机械式接地电阻测试仪的检流计指针接近中心线，见图 4-29。

图 4-29

（30）加快 ZC-8 机械式接地电阻测试仪发电机的转速，使其达到稳定值（120r/min）。再调整"测量标度盘"直至检流计指针指在中心线上。具体见图 4-30。

图 4-30

（31）"测量标度盘"上的读数乘以倍率盘上的倍数就是所测量的接地电阻值，见图4-31。

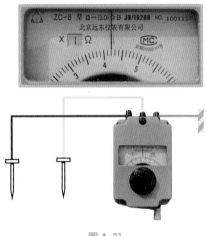

图4-31

（32）用ZC-8机械式接地电阻测试仪测量出的接地电阻值应及时做好记录，测量记录实例如表4-1所示。

表4-1　用zc-8机械式接地电阻测试仪测量出的接地电阻测量记录实例）

| 序号 | 线路名称 | 设备名称 | 装设地点 | 土质 | 测量日期 | 测量环境 | | 电阻值（Ω） | 测量人 |
						天气	温度（℃）		
1	10kV 平安线	利民医院 250kVA 配电变压器及 10kV 避雷器	05 号杆	坚土	2024 年 3 月 28 日	晴	19	1.57	宋×× 李××
2	10kV 平安线	大众食品厂 250kVA 箱式变压器及 10kV 避雷器	12 号杆	坚土	2024 年 3 月 28 日	晴	19	3.69	宋×× 李××
3	10kV 平安线	15-01 号环网柜	15 号杆	坚土	2024 年 3 月 28 日	晴	19	2.63	宋×× 李××
4	10kV 平安线	马村 2×630kVA 箱式变压器及两组 10kV 避雷器	18 号杆	坚土	2024 年 3 月 28 日	晴	19	2.19	宋×× 李××
5	10kV 平安线	22D 智能融合断路器及 10kV 避雷器	22 号杆	坚土	2024 年 3 月 28 日	晴	19	6.78	宋×× 李××
6	10kV 平安线	沙河镇 200kVA 台架变压器及 10kV 避雷器	30-05 号杆	坚土	2024 年 3 月 28 日	晴	19	2.71	宋×× 李××

续表

序号	线路名称	设备名称	装设地点	土质	测量日期	测量环境		电阻值(Ω)	测量人
						天气	温度(℃)		
7	10kV平安线	41D智能融合断路器及10kV避雷器	41号杆	坚土	2024年3月28日	晴	19	3.62	宋×× 李××
8	10kV平安线	六里庄250kVA配电室及10kV避雷器	45-02号杆	坚土	2024年3月28日	晴	19	1.09	宋×× 李××
9	10kV平安线	桥庄200kVA配电室及10kV避雷器	45-14号杆	坚土	2024年3月28日	晴	19	3.52	宋×× 李××
10	10kV平安线	东风机械厂2×500kVA配电室10kV侧分界断路器	46号杆	坚土	2024年3月28日	晴	19	4.58	宋×× 李××

（33）取下固定在接地极上绿色测试线夹，见图4-32。

图4-32

（34）戴上绝缘手套后用活络扳手将被保护电气设备的接地引下线与接地极的连接螺栓拧紧，见图4-33。

图4-33

（35）戴上绝缘手套后将携带型检修接地线的接地端线夹从被保护电气设备的接地引下线上取下，见图4-34。

图 4-34

（36）被保护电气设备的接地引下线与接地极连接牢固，恢复原状，见图4-35。

图 4-35

（37）工作负责人组织班组成员整理工器具及材料（见图4-36），清理工作现场，工作负责人组织召开收工会并进行工作总结和点评工作情况。

图 4-36

第二节　四端钮机械式接地电阻测试仪测量接地电阻

（1）当测量的接地电阻小于 1Ω 时，应使用四端钮机械式接地电阻测试仪进行测量，以防止连接导线电阻产生的附加误差，见图4-37。

图 4-37

（2）四端钮 ZC-8 机械式接地电阻测试仪的测量步骤可以参照三端钮 ZC-8 机械式接地电阻测试仪，见图 4-38。

图 4-38

数字式接地电阻测试仪现场测量

第一节　数字式接地电阻测试仪测量接地电压

（1）将型号为 UT521 的数字式接地电阻测试仪的功能选择开关切至电压挡，LED 显示屏显示接地电压测试状态，见图 5-1。

图 5-1

（2）在 UT521 数字式接地电阻测试仪的 E 插孔上插入 1.5m 长的绿色测试导线，见图 5-2。

图 5-2

（3）在 UT521 数字式接地电阻测试仪的 V 插孔上插入 1.5m 长的红色测试导线，见图 5-3。

图 5-3

（4）将 UT521 数字式接地电阻测试仪的 E 插孔连接的绿色测试导线另一端用鳄鱼夹连接在被测设备的接地极上。具体见图 5-4。

图 5-4

（5）用皮卷尺从被测接地极开始直线量出 1.5m 处做好标记，见图 5-5。

图 5-5

（6）手持锤头将辅助接地钉垂直打入土壤中，见图 5-6。

图 5-6

（7）将UT521数字式接地电阻测试仪的V插孔连接的红色测试导线另一端用鳄鱼夹连接在辅助接地钉上，见图5-7。

图5-7

（8）使用UT521数字式接地电阻测试仪测量接地电压的接线图，见图5-8。

图5-8

（9）UT521 数字式接地电阻测试仪的 LCD 显示屏可以直接显示接地电压值，见图 5-9。注意此时不要按下"TEST"键。

图 5-9

（10）若测量接地电压值大于 10V 时，则要将相关电气设备关闭，待接地电压降低后再进行接地电阻测量，否则会影响接地电阻的测量精度。具体见图 5-10。

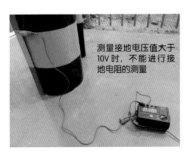

测量接地电压值大于 10V 时，不能进行接地电阻的测量

图 5-10

第二节　数字式接地电阻测试仪简易测量接地电阻

（1）只有当辅助接地钉不方便使用时（路面硬化），才允许使用两线式方法即简易测量接地电阻方法，见图5-11。

图 5-11

（2）准备好两条简易带夹测试线，一条为红色，两个插头连在一起；另一条为绿色，一个插头。具体见图5-12。

图 5-12

（3）将绿色简易带夹测试线插入 UT521 数字式接地电阻测试仪的 E 插孔，再将红色简易带夹测试线的两个插头分别插入 UT521 数字式接地电阻测试仪的 P 插孔与 C 插孔。P 插孔与 C 插孔通过红色简易带夹测试线短接。具体见图 5-13。

图 5-13

（4）将绿色简易带夹测试线的鳄鱼夹连接到被测设备的接地极上，见图 5-14。

图 5-14

（5）由于设备现场的地面全部硬化等情况致使辅助接地钉无法使用，此时可以使用两线式方法，首先找到一个外露的低接地电阻物体做一个电极，再将红简易带夹测试线的鳄鱼夹连接到金属水槽、水管、供电线路公共接地端、建筑物接地端。具体见图5-15。

图 5-15

（6）测试线连接完毕，将 UT521 数字式接地电阻测试仪的功能选择开关切至 20Ω，按下"TEST"键，简易测量接地电阻数值为 1.06Ω。具体见图5-16。

图 5-16

第三节　数字式接地电阻测试仪测量接地电阻

（1）首先确定被测量接地极所在的位置，见图5-17。

图 5-17

（2）根据测量点现场的实际情况，选择平整的地面，展开苫布铺在距离测试点合适的位置，将UT521数字式接地电阻测试仪摆放在苫布上。具体见图5-18。

图 5-18

（3）精确测量接地电阻前，首先测量接地电压，将功能选择开关旋到接地电压挡，LCD 显示屏显示接地电压测试状态，见图 5-19。

图 5-19

（4）如果现场测量的接地电压值为 11V，证明测量接地电压值大于 10V 时，应停止进行接地电阻测量。具体见图 5-20。

图 5-20

（5）如果现场测量的接地电压值为 1.1V，证明测量接地电压值小于 10V 时，可以进行接地电阻测量。具体见图 5-21。

图 5-21

（6）手持携带型检修接地线，在被测量接地体附近选择合适位置，见图 5-22。

图 5-22

（7）将携带型检修接地线的临时接地体打入土中，临时接地体打入土中的深度不小于 60cm，见图5-23。

图 5-23

（8）戴好绝缘手套后，将携带型检修接地线的接地端线夹固定在被保护电气设备的接地引下线上，见图 5-24。

图 5-24

（9）戴好绝缘手套后，用活络扳手取下被保护电气设备接地引下线与接地极的连接螺栓，见图5-25。

图 5-25

（10）被保护电气设备接地引下线与接地极完全断开，见图 5-26。

图 5-26

（11）将 5m 长的绿色标准带夹测试线一端插入 UT521 数字式接地电阻测试仪的 E 插孔，接触良好，见图 5-27。

图 5-27

（12）将 5m 长的绿色标准带夹测试线另一端的鳄鱼夹固定在接地极上，接触良好，见图 5-28。

图 5-28

（13）将 10m 长的黄色标准带夹测试线一端插入 UT521 数字式接地电阻测试仪的 P 插孔，接触良好，见图 5-29。

图 5-29

（14）用皮卷尺从被测量接地极开始，直线水平测量出 10m 做好标记，见图 5-30。

图 5-30

（15）用锤子将电位辅助接地钉垂直打入土壤中，深度不小于400mm，见图5-31。

图 5-31

（16）将10m长的黄色标准带夹测试线另一端的鳄鱼夹固定在电位辅助接地钉上，接触良好，见图5-32。

图 5-32

（17）将 20m 长的红色标准带夹测试线一端插入 UT521 数字式接地电阻测试仪的 C 插孔，接触良好，见图 5-33。

图 5-33

（18）用皮卷尺从被测量接地极开始，直线水平测量出 20m 做好标记，见图 5-34。

图 5-34

（19）用锤子将电流辅助接地钉垂直打入土壤中，深度不小于 400mm，见图 5-35。

图 5-35

（20）将 20m 长的红色标准带夹测试线另一端的鳄鱼夹固定在电流辅助接地钉上，接触良好，见图 5-36。

图 5-36

（21）将功能选择开关切至接地电阻2000Ω挡，按下"TEST"键测量，LCD显示屏显示接地电阻值；若测量的接地电阻值小于200Ω，应将功能选择开关切至接地电阻200Ω挡。具体见图5-37。

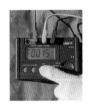

图5-37

（22）将功能选择开关切至接地电阻200Ω挡后，按下"TEST"键测量，LCD显示屏显示接地电阻值，若测量的接地电阻值小于20Ω，应将功能选择开关切至接地电阻20Ω挡。具体见图5-38。

图5-38

（23）将功能选择开关切至接地电阻 20Ω 挡，按下"TEST"键测量，LCD 显示屏显示接地电阻值，读取数为实际接地电阻值。具体见图 5-39。

图 5-39

（24）用 UT521 数字式接地电阻测试仪测量出的接地电阻值应及时做好记录，测量记录实例如表 5-1 所示。

表5-1　用 UT521 数字式接地电阻测试仪测量出的接地电阻测量记录实例

序号	线路名称	设备名称	装设地点	土质	测量日期	测量环境		电阻值（Ω）	测量人
						天气	温度（℃）		
1	10kV 玉泉线	变电站出线电缆避雷器	01 号杆	松砂石	2024 年 3 月 20 日	晴	17	1.57	周×× 韩××
2	10kV 玉泉线	10D 智能断路器及 10kV 避雷器	10 号杆	松砂石	2024 年 3 月 20 日	晴	17	3.69	周×× 韩××
3	10kV 玉泉线	小管庄箱式变压器	28 号杆	松砂石	2024 年 3 月 20 日	晴	17	2.63	周×× 韩××
4	10kV 玉泉线	28 号杆 10kV 避雷器	28 号杆	松砂石	2024 年 3 月 20 日	晴	17	2.19	周×× 韩××
5	10kV 玉泉线	32-11D 断路器及 10kV 避雷器	32—11 号杆	松砂石	2024 年 3 月 20 日	晴	17	6.78	周×× 韩××
6	10kV 玉泉线	北利村 2 号台架变压器及 10kV 避雷器	怡庄支线 39—10—01—02 号杆	坚土	2024 年 3 月 20 日	晴	17	2.71	周×× 韩××

续表

序号	线路名称	设备名称	装设地点	土质	测量日期	测量环境		电阻值（Ω）	测量人
						天气	温度（℃）		
7	10kV玉泉线	北苑箱式变压器及10kV避雷器	怡庄支线39—10—06号杆	坚土	2024年3月20日	晴	17	3.62	周×× 韩××
8	10kV玉泉线	小城村配电室及10kV避雷器	六里庄支线42—18号杆	坚土	2024年3月20日	晴	17	1.09	周×× 韩××
9	10kV玉泉线	新桥村配电室及10kV避雷器	六里庄支线42—31号杆	坚土	2024年3月20日	晴	17	3.52	周×× 韩××
10	10kV玉泉线	联络断路器	45—16号杆	坚土	2024年3月20日	晴	17	4.58	周×× 韩××

（25）取下固定在电位辅助接地钉上的黄色测试线的鳄鱼夹，并将电位辅助接地钉从土壤中取出，见图5-40。

图 5-40

（26）取下固定在电流辅助接地钉上的红色测试线的鳄鱼夹，并将电流辅助接地钉从土壤中取出，见图5-41。

图 5-41

（27）取下固定在接地极上的绿色测试线鳄鱼夹，见图 5-42。

图 5-42

（28）戴好绝缘手套后，用活络扳手将被保护电气设备的接地引下线与接地极的连接螺栓拧紧，见图 5-43。

图 5-43

（29）戴好绝缘手套后，将携带型检修接地线的接地端线夹从被保护电气设备的接地引下线上取下，见图5-44。

图 5-44

（30）被保护电气设备的接地引下线与接地极连接牢固，恢复原状，见图5-45。

图 5-45

（31）工作负责人组织班组成员整理工器具及材料（见图 5-46），清理工作现场；工作负责人组织召开收工会，进行工作总结和点评工作情况。

图 5-46

接地电阻测试注意事项

第一节　测量注意事项

（1）型号为 UT521 的数字式接地电阻测试仪不用时，将功能选择开关切至 OFF，见图 6-1。

图 6-1

（2）当型号为 UT521 的数字式接地电阻测试仪长时间不用时，应将电池从测试仪中取出并保存好，见图 6-2。

图 6-2

（3）型号为UT521的数字式接地电阻测试仪功能选择开关切至接地电压挡或接地电阻挡时，如果LCD显示屏显示的电池符号为低电状态，需要更换电池，否则接地电阻测试仪不能正常工作。具体见图6-3。

电池符号	电池电压
▮▮▮▮	≥ 8.2V
▮▮▮	7.8~8.2V
▮▮	7.4~7.8V
▮	7.0~7.4V
□	≤ 7.0V

图6-3

（4）型号为UT521的数字式接地电阻测试仪测量接地电压时，不需要按下"TEST"键，见图6-4。

图6-4

（5）当被测接地电阻大于 UT521 数字式接地电阻测试仪挡位的测试范围，即超出量程时，接地电阻测试仪的 LCD 显示屏将显示"OL"，见图 6-5。

图 6-5

（6）酒精、稀释液对数字式接地电阻测试仪的机壳和 LCD 显示屏有腐蚀作用，清洁机壳时用湿毛巾擦拭即可，见图 6-6。

图 6-6

（7）当接地电阻测试仪胶壳破裂，测量线断裂（见图6-7），测量线脱皮外露时，禁止进行测量。

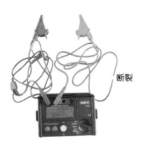

断裂

图6-7

（8）测量接地电阻宜选择土壤电阻率大的时候进行，可以选择干燥季节时进行，见图6-8。

图6-8

（9）测量接地电阻时应注意电流极插入土壤的位置，必须使接地探针处于零电位的状态，见图6-9。

图6-9

（10）之所以应避免在雷雨后测量接地电阻，是因为下雨后和土壤吸收水分太多的时候，以及气候、温度、压力等急剧变化，会影响测量数据的准确性，见图6-10。

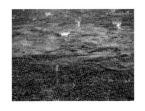

图6-10

（11）探针应远离地下水管、电缆、铁路等较大金属体，其中电流极探针应远离 10m 以上，电压探针应远离 50m 以上，见图 6-11。

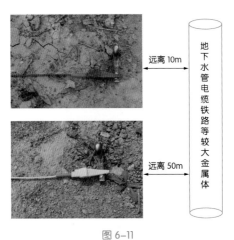

图 6-11

（12）接地电阻测试仪应保存在室内，保持其环境温度在 0~40℃，相对湿度不超过 80%，且在空气中不能含有足以引起腐蚀的有害物质。具体见图 6-12。

图 6-12

（13）接地电阻测试仪在使用、搬运、存放时应小心轻放，避免强烈震动，见图 6-13。

图 6-13

（14）测量前，型号为ZC-8的机械式接地电阻测试仪应水平放置，检查表针是否指向中心线，否则必须调"零"处理，见图6-14。

图6-14

（15）型号为ZC-8的机械式接地电阻测试仪（四端钮）不得开路摇动手柄，否则将损坏仪表，见图6-15。

图6-15

（16）每次测量完毕后，必须将接地探针拔出后擦拭干净，以便下次使用，见图6-16。

图6-16

第二节　安全注意事项

（1）型号为UT521的数字式接地电阻测试仪在测量接地电阻时，接线端E与接线端C之间会产生最高约50V的交流电压，严禁测量人员接触测试线金属外露部分和辅助接地钉，以免触电。具体见图6-17。

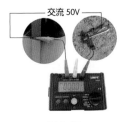

图6-17

（2）型号为 UT521 的数字式接地电阻测试仪测量接地电压时，其他测试端严禁插入测试线。C 端和 P 端连接线一定要断开，否则会导致危险或损坏数字式接地电阻测试仪。具体见图 6-18。

图 6-18

（3）用接地电阻测试仪测量时，在被测接地体与被保护电气设备接地线断开前，首先将被保护电气设备的接地线接地，见图 6-19。

图 6-19

（4）用接地电阻测试仪测量前，首先将被测接地体与被保护电气设备的接地线断开，以保证测量结果的准确性，见图6-20。

图 6-20

（5）不准带电用接地电阻测试仪测量接地电阻，见图6-21。

配电变压器中性点及外壳接地、避雷器接地、配电箱外壳接地均未断开就进行测量

图 6-21

（6）手持锤头将探针或辅助接地钉垂直打入土壤过程中，注意锤击时不要带线手套，见图6-22。

图6-22

（7）型号为UT521的数字式接地电阻测试仪在开机状态下按键和功能选择开关无动作约10min后仪器会自动关机（接地电阻挡测试状态除外），见图6-23。

图6-23

（8）当 UT521 数字式接地电阻测试仪潮湿或测量人员的手有水时勿进行仪表接线工作，见图 6-24。

图 6-24

（9）当测量人员使用 UT521 数字式接地电阻测试仪测量时，不要打开电池盖，见图 6-25。

图 6-25

（10）严禁在易燃易爆的环境中测量接地电阻或接地电压，否则会产生火花引起爆炸，见图6-26。

图6-26

（11）雷电天气禁止测量接地电阻，见图6-27。

图6-27

（12）夜间测量接地电阻时应有足够的照明，见图 6-28。

图 6-28

（13）测量接地电阻时测量点邻近无电源或与带电设备有防护，安全距离足够，见图 6-29。

图 6-29

第七章

接地电阻测量标准

第一节　接地电阻测量标准依据

（1）接地电阻测量标准的依据是Q/GDW 1519—2014《配电网运维规程》，见图 7-1。

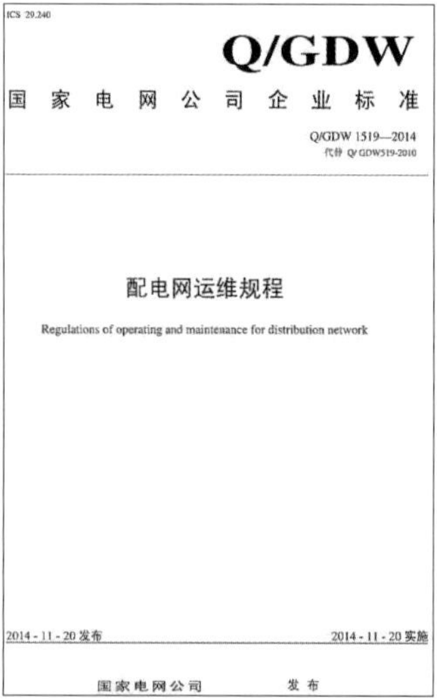
ICS 29.240

Q/GDW

国 家 电 网 公 司 企 业 标 准

Q/GDW 1519—2014
代替 Q/GDW519-2010

配电网运维规程

Regulations of operating and maintenance for distribution network

2014 - 11 - 20 发布　　2014 - 11 - 20 实施

国家电网公司　　发布

图 7-1

（2）配电网设备接地电阻应满足表 7-1 的要求。

表 7-1　配电网设备接地电阻

配电网设备	接地电阻（Ω）
柱上开关	< 10
避雷器	< 10
柱上电容器	< 10
柱上高压计量箱	< 10
总容量 100kVA 及以上的变压器	< 4
总容量 100kVA 以下的变压器	< 10
开关柜	< 4
电缆	< 10
电缆分支箱	< 10
配电室	< 4

（3）有避雷线的 10kV 配电线路，见图 7-2。

图 7-2

（4）有避雷线的配电线路，其杆塔接地电阻应满足表 7-2 的要求。

表 7-2　电杆的接地电阻

土壤电阻率（Ωm）	工频接地电阻（Ω）
100 及以下	＜ 10
100 以上至 500	＜ 15
500 以上至 1000	＜ 20
1000 以上至 2000	＜ 25
2000 以上	＜ 30

第二节　接地电阻测量周期

（1）柱上变压器（见图 7-3）、配电室（见图 7-4）、柱上开关设备（见图 7-5）、柱上电容器设备（见图 7-6）每两年进行一次接地电阻测量。测量工作应该在干燥的天气进行。

（2）其他有接地的设备接地电阻每 4 年进行一次接地电阻测量，见图 7-7。测量工作应该在干燥的天气进行。

图 7-3

图 7-4

图 7-5

图 7-6

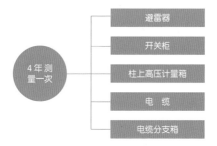

图 7-7